DORIS ROTHAUER

Vision & Strategie

Strategisches Denken
für kreative Köpfe

BIRKHÄUSER
Basel

Inhalt

Lieber Leser, liebe Leserin,

ich möchte diesem Buch ein paar erklärende Worte zur Lesart sowie eine Hypothese über dich voranstellen:

Meine Hypothese ist, dass du, lieber Leser, liebe Leserin, als kreativer und innovativer Kopf in einem Bereich unternehmerisch tätig bist, der einer der Kreativbranchen wie Architektur, Design, Kommunikation, Mode, Multimedia etc. zuzuordnen ist oder sich sonst durch sehr innovative Zugänge auszeichnet.

Ob für Einzelunternehmer oder KMU, Gründer oder seit vielen Jahren erfolgreich Tätige – das Thema Strategie ist gleich bedeutend und die Inhalte dieses Buches lassen sich, soweit nicht ohnehin differenziert behandelt, gleich anwenden.

Als Beraterin vieler Kreativer sind mir die persönliche Beziehung und die Identifikation mit den in diesem Bereich vorherrschenden Denk- und Arbeitsweisen sehr wichtig. Das Buch enthält nicht nur meine Erfahrungen und meinen persönlichen Arbeitszugang, sondern ist zugleich ein Beziehungsaufbau zwischen mir und dir, dem Leser. Daher habe ich die persönliche Ansprache und die Du-Form gewählt.

Wenn ich zuweilen in der Wir-Form schreibe, dann deswegen, weil ich dich gedanklich mir gegenübersitzen sehe und dich indirekt mit anspreche oder weil meine Erfahrungen und Zugänge aus der Zusammenarbeit mit Kollegen und Kolleginnen entstanden sind. Die Wir-Form soll beides zum Ausdruck bringen. Die Ich-Form ist dann gewählt, wenn ich tatsächlich von meiner eigenen Erfahrung und Meinung ausgehe, so dass ich dich und mein Umfeld nicht automatisch und ungefragt einschließen kann.

1

W
Stra
und

s ist
egie
vozu?

„Strategy, it turns out, is one of those words that people define in one way and often use in another, without realizing the difference."

HENRY MINTZBERG, 1987

Strategie nein danke?

Der Terminus „Strategie" gehört heutzutage zweifellos zu den im Wirtschaftskontext am häufigsten verwendeten Wörtern, ohne jedoch mit einer klaren oder eindeutigen Vorstellung der Bedeutung einherzugehen. Strategisch zu agieren scheint ein Imperativ und Erfolgsrezept zu sein, was aber genau damit gemeint ist, bleibt vielfach unklar. Strategisch ist alles und nichts, „Strategie" verkommt immer mehr zu einer Worthülse – man ist strategisch, ohne eine klare Strategie zu haben.

Speziell im Kontext von Vision und Kreativität, Haltungen und Werten, ethischen Grundsätzen und inhaltlicher Orientierung scheint Strategie eher ein Fremdwort, um nicht zu sagen Feindbild zu sein. Konnotationen zu Taktiererei, Opportunismus oder Inhaltslosigkeit stehen im Raum, unehrenhafte, aber global präsente Bilder von geschickten Manövern, um andere zum eigenen Vorteil auszuschalten, tauchen im Kopf auf. Oder auch öde betriebswirtschaftliche Planung, viele Seiten Papier und Zahlen, von der Bank geforderte Businesspläne, die kaum Raum für Innovation und Flexibilität lassen. Marktgetriebenes Reagieren auf den täglich steigenden Druck von außen, das dann als Überlebensstrategie die ursprüngliche unternehmerische Vision zunichte macht.

Halt, aus, nein!!!

Vision braucht Strategie

Wenn Helmut Schmidt dereinst sagte: „Wer Visionen hat, sollte zum Arzt gehen", dann braucht diese Welt dringend nicht nur Visionen, sondern auch die entsprechenden Strategien zur Umsetzung, um ernst genommen zu werden. Ich erfahre es in der Zusammenarbeit mit Kreativen tagtäglich: Vision braucht Strategie, und umgekehrt, Strategie braucht Vision. Denn: Strategie ist die Gestaltung der Zukunft und Strategieentwicklung ein schöpferischer Prozess. Nicht umsonst wird Strategie auch als „Königsdisziplin" in der Unternehmensführung bezeichnet. Gerade dort, wo Kreativität und Flexibilität wertschöpfend sind, braucht es, um Entwicklung zu einer *erfolgreichen* Entwicklung werden zu lassen, einen strukturierten Nachdenkprozess darüber, wie man seine Visionen erreicht. Der Weg ist das Ziel, das wusste schon Konfuzius, und Strategie bedeutet die bewusste Gestaltung dieses Weges.

„Always remember that this whole thing was started with a mouse."

WALT DISNEY

⊠ ¹ EBENEN DER STRATEGIEENTWICKLUNG

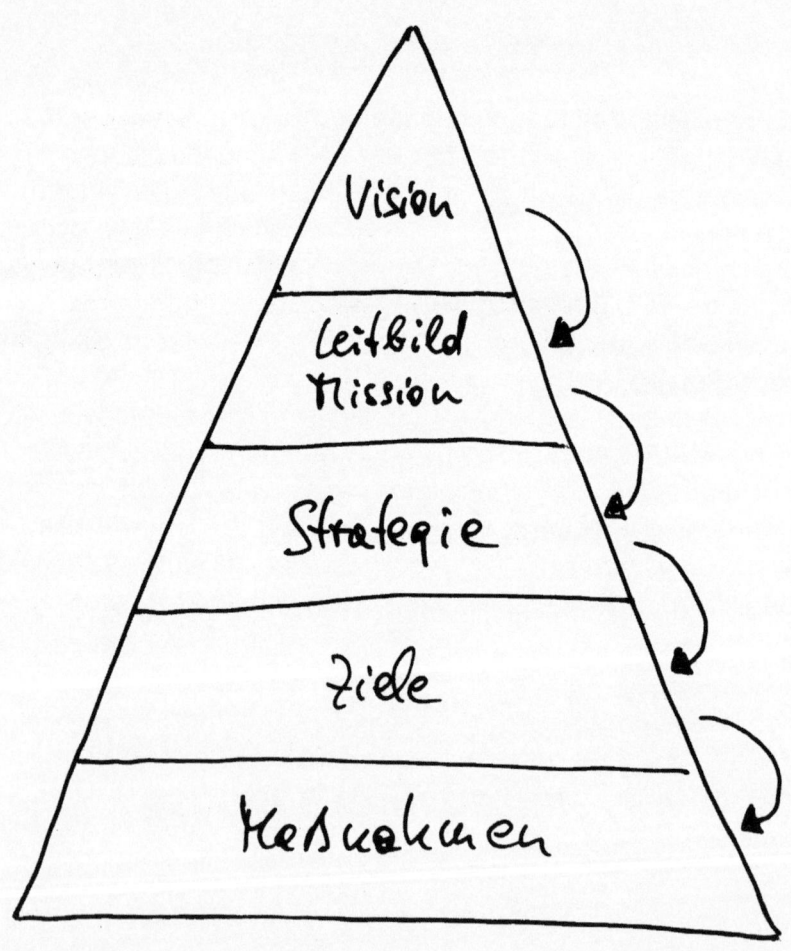

Unternehmerische Entwicklung *ohne* Strategie hieße sie dem Zufall überlassen. Oder sich auf den Erfolgen der Vergangenheit ausruhen. Beides funktioniert aber zumeist nicht mehr. Berufsbilder und Unternehmertum ebenso wie der Markt sind heute permanenten und raschen Veränderungen unterworfen, die Komplexität steigt. Man braucht sich nur die Frage zu stellen: Was passiert, wenn nichts passiert?

Ein paar Beispiele

Nehmen wir zum Beispiel die Architekturbranche. Der Markt hat sich in den letzten Jahren von einem Anbieter- zu einem Nachfragermarkt gewandelt, das Angebot ist größer als die Nachfrage. Waren lange Zeit neben persönlichen Kontakten Wettbewerbe die häufigste Form der Auftragssicherung, hat sich dies mit sinkender Zahl öffentlicher Ausschreibungen bei gleichzeitig steigender Anzahl der Mitbewerber und Öffnung nationaler Grenzen geändert. Die traditionellen Märkte brechen durch strukturelle Veränderungen auf dem Immobilienmarkt immer mehr ein, die Komplexität der Bauaufgaben und der Preisdruck steigen. Architekten müssen also neue Wege in der Akquisition, dem Besetzen von Nischenmärkten und -themen sowie im Marketing generell gehen.

Ähnlich massive Veränderungen hat die Musikbranche mit der Digitalisierung erlebt, die viele Akteure mit völlig neuen Rahmenbedingungen und einem kompletten Strukturwandel konfrontiert hat. Im Designbereich wiederum sind neuartige Zugänge wie Service Design und Social Design entstanden, die das Berufsbild des Designers erweitert haben. Forcierte wirtschaftspolitische

⊠ ² WHAT HAPPENS TO GREAT IDEAS, MOTMOT DESIGN

Fördermaßnahmen für die Kreativwirtschaft ebenso wie die explodierenden digitalen Vernetzungs- und Vertriebsmöglichkeiten eröffnen neue Chancen, erhöhen aber auch den Druck.

All diese Entwicklungen und Veränderungen erfordern ein strategisches Denken, weil es um die Frage geht, wie man unter veränderten Rahmenbedingungen weiterhin Visionen entwickeln und gleichzeitig betriebswirtschaftlich erfolgreich sein kann.

In diesem Buch

Wir werden in diesem Buch sehen, dass Strategie ganz viel mit Visionen, mit Haltungen und Werten, mit Kreativität und innovativem Denken und mit Inhalten zu tun hat. Dass Strategie Spaß machen, spielerisch und experimentell sein kann und dass es sogar so etwas wie strategische Improvisation gibt.

Ich folge dabei nicht *einer* Definition, *einer* Methode, sondern greife aus einer Vielzahl an Zugängen und Konzepten jene heraus, die mir für kreative und innovative Köpfe, die unternehmerisch tätig sind, am geeignetsten scheinen. Ob Einzelunternehmer oder KMU, ob Gründer oder seit vielen Jahren auf dem Markt präsent, ob in den Kreativbranchen wie Architektur, Design, Kommunikation, Mode, Multimedia, Kunstmarkt etc. oder anderen innovativen Dienstleistungsbereichen angesiedelt.

Ich zeige auf, *wie* Strategie entsteht, wie der *Prozess* der Strategie-*entwicklung* kreativ und spielerisch angegangen werden kann, und gebe einfache, aber wirkungsvolle Tools und Tipps aus der Praxis zur Unterstützung und Begleitung auf diesem Wege mit.

Strategie ist eine Safari

In „Strategy Safari", dem Bestseller-Titel von Henry Mintzberg (2002), einem der führenden und gleichzeitig kreativsten Köpfe der Strategielehre, nimmt der Autor den Leser mit auf eine „Reise durch die Wildnis des strategischen Managements" – so der Untertitel. Gemeint sind mit der Wildnis die vielen unterschiedlichen Zugänge und Strategie-Konzepte, die in Theorie und Praxis existieren und die Mintzberg in zehn Schulen zusammenfasst und sehr anschaulich erläutert. Ich werde im vorliegenden Buch noch öfters auf Mintzberg verweisen, weil sein Zugang meiner Meinung nach dem kreativen Denken am nächsten kommt.

Wer schon einmal auf einer Safari war, weiß, welch nachhaltige Faszination dieses Abenteuer ausübt, in einer Wildnis, die nicht überbordend ist, sondern den Blick schärft und fokussiert: auf einen einzelnen Baum, ein einzelnes Tier, ein Geräusch – auf das Essentielle, von dem eine ungeheure Kraft ausgeht. Gleichzeitig kann hier keiner überleben, der nicht seine eigenen Strategien entwickelt, sei es Mensch, Pflanze oder Tier.

Die Analogie der Reise weist aber auch sehr schön auf eine andere, nämlich die experimentelle Seite der Strategieentwicklung hin, die ich für besonders wichtig halte: Eine Reise ist nicht bis ins kleinste Detail planbar; Entdeckungen am Weg, sich auf Unerprobtes einlassen, genau hinschauen – das erst macht eine Reise zu einem nachhaltigen Erlebnis.

Der Ursprung des Wortes ...

Das Wort Strategie stammt aus dem Griechischen und setzt sich aus *stratós,* Heer, und *ágo,* führen, zusammen. Ein Stratege war im antiken Griechenland ein gewählter Heerführer. Wir kennen das Bild im Kopf dazu: Der Heerführer steht auf der Spitze des Hügels und blickt ins weite Land, von wo aus er alle Bewegungen, die des eigenes Heeres und die des Feindes, überblicken kann.

Das früheste bekannte Werk zum Thema der strategischen Kriegsführung stammt von Sun Tzu, einem chinesischen General um 500 v. Christus. Der Erste, der sich hierzulande mit dem Strategiebegriff auf einer theoretischen Ebene intensiv auseinandersetzte, war der preußische General und Militärtheoretiker Carl von Clausewitz (1780 – 1831), allerdings ebenfalls ausschließlich im Kontext der Kriegsführung. Er unterschied ganz klar zwischen Strategie und Taktik und prägte im Übrigen die vielzitierte Einsicht, dass der Krieg eine bloße Fortsetzung der Politik mit anderen Mitteln sei.

„Die beste Strategie ist, immer recht stark zu sein, erstens überhaupt und zweitens auf dem entscheidenden Punkt. Daher gibt es kein höheres und einfacheres Gesetz für die Strategie, als seine Kräfte zusammenzuhalten."

CARL VON CLAUSEWITZ, VOM KRIEGE III, 11

Das Bündeln von Kräften und das Stärken von Stärken sind Grundprinzipien militärischer Strategen wie Clausewitz, die sich in den betriebswirtschaftlichen Strategiekonzepten bis heute finden.

... und seine Weiterentwicklung

Obwohl deshalb die militärische Auslegung des Begriffes noch immer gerne in der Managementliteratur zitiert wird, ist die Verwendung im Kontext der Unternehmensführung relativ jung. Die Harvard Business School führte den Begriff in den 1950er Jahren ein. In der Folge wurde eine Vielzahl von Strategie-Konzepten entwickelt, zunächst stark am *Planungs*prozess orientiert, später mehr an inhaltlich-strategischen Erfolgsfaktoren. Bei letzteren kann man zwischen den zwei grundlegend unterschiedlichen Ausrichtungen der unternehmensintern bedingten *resource based view* und der extern bestimmten *market based view* unterscheiden.

Heute gibt es in der modernen Management-Theorie rund zwanzig unterschiedliche Ansätze strategischer Konzepte zur Unternehmensführung.

Denken statt Planen

„The most successful strategies are visions, not plans."

HENRY MINTZBERG, 1994

Wenn in einem sich permanent verändernden, immer komplexer werdenden Umfeld die Zukunft nicht mehr planbar ist und die Konzepte der Vergangenheit nicht mehr funktionieren, braucht es neue Zugänge und Sichtweisen. Diese Ansicht hat sich heute weitgehend durchgesetzt: Zeitgemäße Strategiearbeit kann sich nicht mehr (nur) an quantitativ messbaren Zahlen, Analysen und

„I never sing a song the same way twice."

BILLY HOLIDAY

Dass sie Eingang in die Unternehmensführung und Strategie-entwicklung gefunden hat, ist vor dem Hintergrund der bereits beschriebenen Veränderungen auf dem Markt zu sehen, die die Notwendigkeit flexibler und „lernender" Organisationen mit sich bringen. Innovationsorientierte Unternehmen holen sich daher immer öfter neuartige Impulse zu strategischen Kernfragen von Kreativschaffenden und Künstlern. „Arts based learning", „Design Thinking" oder „Jazz Strategy" sind einige diesbezügliche An-gebote und Methoden, die sowohl von Künstlern und Kreativen selbst als auch von Trainern und Coaches seit den 1990er Jahren entwickelt und verbreitet werden. Ob bildende Kunst, Design oder Musik, der rote Faden ist derselbe: Denken und Agieren in einem Spannungsfeld zwischen Improvisation und Perfektion, über Grenzen hinaus und zugleich fokussiert.

Die neuen Entrepreneurs

Wenn von strategischer Improvisation, von Kreativität und Flexi-bilität, von Visionen und Experimenten, von der Synthese des Vorhandenen mit neuen Perspektiven und Chancen die Rede ist, dann taucht zumeist der Begriff des „Entrepreneurs" auf.

Entrepreneurship hat in den letzten Jahren einen Boom erlebt. Innovative Marketingstrategien und neuartige Geschäftsmodelle gehen mehrheitlich von kleinen, schlanken oder Einpersonen-Unternehmen aus. Diese Strukturen und Strategien sind charakte-ristisch für die Kreativwirtschaft, aber etwa auch den aufstrebenden

Bereich des *social entrepreneurship.* Die Individualisierung der Lebensstile und deren gleichzeitige Vernetzung im Zuge der Digitalisierung haben neue Berufsbilder und neue Arbeitsformen hervorgebracht.

„New Food Entrepreneurs", so bezeichnet etwa ein umfangreicher Portraitband die neuen Stadtfarmer, Küchenkünstler, Foodzines-Herausgeber und Manufakturen, die ausgeprägte Ästhetik mit idealistischen Ansprüchen an Produktion und unkonventionellen Vertriebswegen verknüpfen. *Coworking Spaces* mit flexiblen Arbeitsplätzen und gemeinsamer Infrastruktur für vernetzungsfreudige Entrepreneure als Alternative zum klassischen Büro schießen weltweit wie die Pilze aus dem Boden.

Wirtschaftspolitische Förderprogramme unterstützen diese Entwicklungen massiv, weil damit eine Dynamisierung des Marktes und der veralteten, krisenanfälligen Strukturen verbunden ist.

Der Typus des Entrepreneurs geht auf Alois Josef Schumpeter (1883 – 1950) zurück, jüngst in einer Biographie auch als „Prophet der Innovation" (Thomas McCraw, 2010) bezeichnet. Der nicht unumstrittene österreichische Nationalökonom war zu seiner Zeit eine Ausnahmefigur: Mit 26 Jahren der jüngste außerordentliche Professor für Ökonomie, galt seine Berufung der Theorie. Er war ein begnadeter Rhetoriker und wirkte die letzten zwanzig Jahre – nach einem zwischenzeitlichen Debakel als gescheiterter österreichischer Finanzminister und Bankier – als Zentralfigur der Wirtschaftswissenschaften an der Harvard University. Schumpeter erkannte schon sehr früh, dass die Wirtschaft von innovativen Unternehmern vorangetrieben wird. Um innovativ zu sein, muss man sich immer wieder neu erfinden – ein Akt der „creative destruction", wie es Schumpeter nannte: Indem sich Neues erfolgreich durchsetzt, wird Altes zerstört. Jede ökonomische Entwicklung baue auf dieser Art von Innovation auf, sie bringe Wirtschaftswachstum und sozialen Wandel.

Lange Zeit in Vergessenheit geraten, wurde er im Jahr 2000 vom US-Magazin Business Week zum „heißesten Ökonomen des Internetzeitalters" gekürt.

Die systemische Sichtweise

Und zuletzt noch ein kurzer Exkurs in die Systemtheorie und die systemische Strategieentwicklung – wie sie im vorliegenden Buch mehrheitlich vertreten wird –, die auf einem systemisch-evolutionären Ansatz basiert. Danach ist jedes Unternehmen, jede Organisationsform ein „System", das durch seine Lebensfähigkeit, das heißt die Fähigkeit, die eigene Existenz unbefristet aufrechtzuerhalten, gekennzeichnet ist. Veränderte Umfeldbedingungen führen zu Anpassungen – ein Ansatz, der vor allem auf kleine Unternehmen und EPUs zutrifft. In der Unternehmensführung und der Strategieentwicklung geht es danach weniger um Gewinnmaximierung, sondern um Maximierung der Lebensfähigkeit eines Systems, und damit um Steuerbarkeit.

Viele der von mir in diesem Buch beschriebenen Tipps und Tools kommen aus der systemischen Sichtweise und unterstützen bei der Fähigkeit zur Selbststeuerung. Das wichtigste dabei: die Aktivierung deiner kreativen Strategie-Potentiale!

2

Der P
der Str
entwi

ozess
tegie-
klung

Wie aber gehe ich nun das Thema konkret an, wie komme ich zu einer Strategie?

Eine Strategie zu entwickeln ist ein *Prozess* – und das erfordert erstens ein Prozessverständnis und zweitens Zeit. Zeit am besten als Auszeit, abseits des Tagesgeschäftes, und Zeit immer wieder, zur Überprüfung und Anpassung.

⊠ 4 STRATEGIEPROZESS UND STRATEGIESCHLEIFE

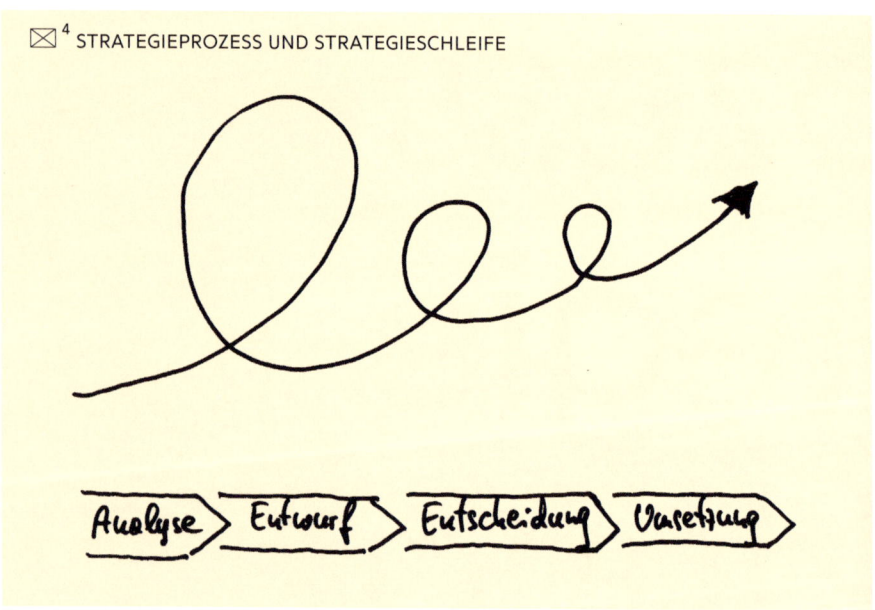

Analyse › Entwurf › Entscheidung › Umsetzung ›

Die Darstellungsform der Schleife in ᴬᴮᴮ·⁴ symbolisiert das Prozessverständnis. Betrachte Strategieentwicklung nicht als linearen Prozess, sondern als reflexive Schleife, indem du die eigenen Annahmen immer wieder überprüfst und adaptierst – sowohl im Prozess der Entwicklung selbst, als auch nach der Umsetzung. Solche Schleifen solltest du nicht nur zulassen, sondern sogar bewusst einplanen.

Der Prozess der Strategieentwicklung folgt im Wesentlichen den Phasen Analyse, Entwurf, Entscheidung, Umsetzung.

Die Analyse der Ausgangssituation

Zunächst analysierst du die Ausgangssituation, das ist die Basis, die „Hausaufgabe". Hier empfiehlt sich eine ganzheitliche Sicht: Das ist die Sicht auf dich selbst und dein Unternehmen, auf das unmittelbare Umfeld, auf den Markt im weiteren Sinn und schließlich auf die Gesellschaft insgesamt und deren Entwicklung. Nur aus diesem Verständnis heraus ist es möglich, das eigene Tun in einen gesamtwirtschaftlichen *und* -gesellschaftlichen Kontext zu stellen.

Der folgende Fragenkatalog kann dir in der Analysephase als Rahmen dienen:

○ Was ist meine/unsere Vision?
○ Was ist mein/unser Geschäftsmodell?
○ Über welche Kernkompetenzen und Ressourcen verfüge/-n ich/wir?
○ Wofür stehe/-n ich/wir, welche Werte und Haltungen lebe/-n ich/wir?
○ Wie sieht mein/unser Umfeld aus?
○ Wer sind die relevanten Umwelten, von Kunden bis zu Kooperationspartnern?
○ Welche Bedürfnisse und Erwartungen haben diese?
○ Welche decke/-n ich/wir ab?
○ Wie sind die Dynamik und die Spielregeln der Branche, in der ich/wir tätig bin/sind?
○ Welche Veränderungen und Trends am Markt beobachte/-n ich/wir?

◦ Welche gesellschaftlichen Entwicklungen und Themen sind für mich/uns relevant?

Henry Mintzberg, den wir schon aus dem vorigen Kapitel kennen, hat das strategische Denken auch als *Sehen* beschrieben und sieben Perspektiven festgemacht, die man dabei einnehmen sollte:

1 Zurückblicken: Die eigene Entwicklung sehen und analysieren – das sind vor allem die Kernkompetenzen, Muster und Haltungen, das erworbene Wissen, das erfahrungsbasierte Lernen.

2 Von oben betrachten: Den Gesamtmarkt sehen und analysieren sowie den Kontext, in dem man tätig ist.

3 Von unten schauen: Die Zahlen und Fakten des eigenen Unternehmens analysieren – Kosten, Preisgestaltung, Einnahmen, Gewinn etc.

4 Nach vorne blicken: Die zukünftigen Ziele definieren.

5 Zur Seite schauen: Die Beobachtung der Konkurrenz und das Benchmarking.

6 Das Hinausschauen: Das Querdenken – die eigenen Visionen sehen und beschreiben und abseits der vorgegebenen Pfade schauen, Dinge entdecken, die man bisher so noch nicht gesehen hat.

7 Zu Ende schauen: Das Umsetzen mitzudenken und zu planen.

ERNST
NERVT.

STÄNKERN ÜBER AWS DESIGNTEAM
AWSDESIGNTEAM.WORDPRESS.COM
– – – – – – – – – – – – –
PLUS: LIVE-DISS-FRÄSE IM VIENNA
DESIGN WEEK LABOR STILWERK

AWS
DESIGNTEAM

3

10 The
Tipp
Orien

en und
zur
erung

1

Sich an der *Zukunft* orientieren

Wenn auch, wie wir vorher im Modell von Mintzberg gesehen haben, alle Perspektiven mitzudenken sind, soll die Grundausrichtung dennoch in die Zukunft weisen. Einerseits weil nur so eine Vision schrittweise Realität werden kann. Zukunftsorientiert denken heißt visionär denken. Und erfolgreiche Strategien *sind* Visionen, zumindest im Entwurf. Und andererseits weil die Notwendigkeit für Strategien ja in der permanenten Veränderung der Rahmenbedingungen liegt, die Vergangenheit also überholt ist. Zu argumentieren, *so haben wir es doch immer schon gemacht,* oder zu fragen, *wie haben wir das Problem denn damals gelöst,* fördert keine Weiterentwicklung. Oder, wie es der ehemalige kanadische Eishockeystar Wayne Gretzky auf den Punkt brachte: „Skate to where the puck is going to be, not where it has been."

MEIN TIPP

Alles beobachten und neugierig sein! Wie verändern sich Konsumgewohnheiten, Technologien, soziale Strukturen, das ökologische Umfeld, Spielregeln der Branche etc.? Gerade kreative und innovative Köpfe haben ein Gespür und eine Neugierde für zukünftige Bedürfnisse und Trends.

„Mehr als die Vergangenheit interessiert mich die Zukunft, denn in ihr gedenke ich zu leben."

ALBERT EINSTEIN

$$\boxed{2}$$

Sich an den eigenen *Potentialen* orientieren

Wie schon erläutert, gibt es in der Managementlehre und -praxis zwei grundsätzlich unterschiedliche Zugänge zur Strategieentwicklung: die *resource based view* und die *market based view*.

Ich empfehlen dir Erstere, die *potential*orientierte: Sie richtet sich an den eigenen Ressourcen, Kernkompetenzen, Werten und Haltungen aus. Das ist die Basis der Strategie. Die Außenorientierung, der Markt wird sehr wohl einbezogen und analysiert, aber stets in Stimmigkeit mit dem internen Potential gebracht.

Warum? Für diese Sichtweise sprechen die Strukturen kreativer, innovativer EPUs und KMUs sowie deren „Logik der Ökonomie": Kleinstrukturen erfordern eher Vernetzungsstrategien im Sinne der Zusammenlegung oder Ergänzung von Potentialen – statt Konkurrenzkampf geht es um Kooperationen. Und die Identifikation mit dem eigenen Tun ist zumeist der stärkere Motor als das Streben nach maximalen Marktanteilen oder Profit.

MEIN TIPP

Authentizität macht den Unterschied. Um in Referenz an Jane Jacobs ein Beispiel aus der Stadtplanung zu bringen: Dem Modell der perfekt am Reißbrett geplanten Stadt à la New Songdo steht die Lebensqualität einer europäischen Metropole mit ihrer Geschichte gegenüber ...

„Neue Ideen brauchen alte Gebäude."

JANE JACOBS

$$3$$

Sich an externen *Chancen* orientieren

Peter Drucker, amerikanischer Ökonom österreichischer Herkunft, der in der einschlägigen Literatur gerne als „Vater des modernen Managements" bezeichnet wird, hat uns viele einfache, aber wirkungsvolle Gedanken zum Management mitgegeben. Beispielsweise liegt seiner Meinung nach der Auslöser für Innovationen nicht so sehr in der Suche nach neuen Produkten, sondern im Willen zur Veränderung des Umfeldes. Wenn wir in der Strategieentwicklung die eigenen Potentiale mit der Betrachtung des Marktes zusammenführen, dann sind *Chancen* auf dem Markt als genau jene Veränderungen im Umfeld zu erkennen, die zu *Erfolgsfaktoren* werden können. Die Konzentration darauf führt uns zu weit innovativeren Strategien als die Betrachtung der Gefahren, die in der Regel zu reinen Abwehrstrategien führt.

MEIN TIPP

Chancen zu erkennen und zu nutzen beinhaltet auch die Möglichkeit, in Richtungen zu agieren, in die du dir Veränderung *wünschst* – ganz nach Mahatma Gandhi: *Be the change you want to see in the world.*

„Don't solve problems. Pursue opportunities."

PETER DRUCKER

4

Sich am *Kunden* orientieren

Seine Kunden zu kennen ist ebenso ein Erfolgsfaktor wie seine Nicht-Kunden zu kennen, denn gerade Veränderungen gehen zumeist von Nicht-Kunden als den potentiellen zukünftigen Kunden aus. „Kennen" meint dabei, Wünsche und Bedürfnisse zu *erkennen* und – im besten Falle – auch jene zukünftigen Wünsche und Bedürfnisse aufzuspüren, deren sich der Kunde noch gar nicht bewusst ist.

Sich bei der Marktanalyse stärker am Kunden als an der Konkurrenz zu orientieren macht gerade für kreative und innovative Branchen Sinn, die sich zumeist als „kundenpartnerschaftliche" Unternehmen sehen. Dauerhafte Kundenbeziehungen und die Ausrichtung an den individuellen Kundenwünschen sind hier ebenso wie die Kreativität, mit der man die Kundenprobleme löst, ein Erfolgsschlüssel.

MEIN TIPP

Überlege dir genau und mache deutlich, wofür du stehst, für welche Art von Problemlösung, worin deine Kreativität liegt, welche Werte und Haltungen du vertrittst. Gerade bei kreativen und innovativen Produkten und Dienstleistungen kaufen die Kunden einen Lebensstil, der den gleichen Werten und Haltungen wie jenen der Anbieter unterliegt. Kundenorientierung heißt also auch Werteorientierung.

| 7 |

Sich *Nachdenkzeit* abseits des Alltags nehmen

Strategieentwicklung braucht Zeit und Raum. Das Tagesgeschäft ist dafür nicht geeignet, denn für grundsätzliche unternehmerische Zukunftsfragen fehlen im täglichen operativen Geschäft die Zeit und der Freiraum und der Blick für das Große – frei nach dem Sprichwort, man sieht den Wald vor lauter Bäumen nicht mehr. So wie für alle kreativen Tätigkeiten ist es auch bei der Strategiearbeit gut, sich aus dem Hamsterrad rauszunehmen, sich Zeit zum Nachdenken und zum *Sehen* zu nehmen, um in die Helikopterperspektive zu kommen.

MEIN TIPP

Es wird diese Auszeit mehrmals brauchen – eine gute Strategie ist nicht an einem einzigen Tag entwickelt. Und man sollte in der Zeitplanung nicht die benötigte Zeit für die *Umsetzung* vergessen!

8

Sich regelmäßig in eine
Reflexionsschleife begeben

Strategie ist kein einmaliger Sonderprozess. So wie sich die Bedingungen im Umfeld, aber auch bei einem selbst immer wieder ändern, bedarf es auch immer wieder einer Überprüfung und Adaption seiner Strategie. Wenn wir vorher von der „kreativen Zerstörung" im Schumpeterschen Sinn gesprochen haben, die zu Innovationen führt, dann meint dies, das Bestehende immer wieder in Frage zu stellen. Das trifft auch auf Strategien zu. Strategien sollten „im Fluss" bleiben, gelebt werden. Sie dienen der Weiterentwicklung, aber nur, wenn sie selbst laufend weiterentwickelt werden.

In der Reflexionsschleife geht es nicht um richtig oder falsch, sondern darum, Entscheidungen hinsichtlich veränderter Rahmenbedingungen zu überprüfen bzw. die Auswirkungen einer Entscheidung zu beobachten.

MEIN TIPP

Diese Reflexionsschleife sollte regelmäßig stattfinden und kann durchaus „institutionalisiert" werden, zum Beispiel eine Klausur einmal jährlich.

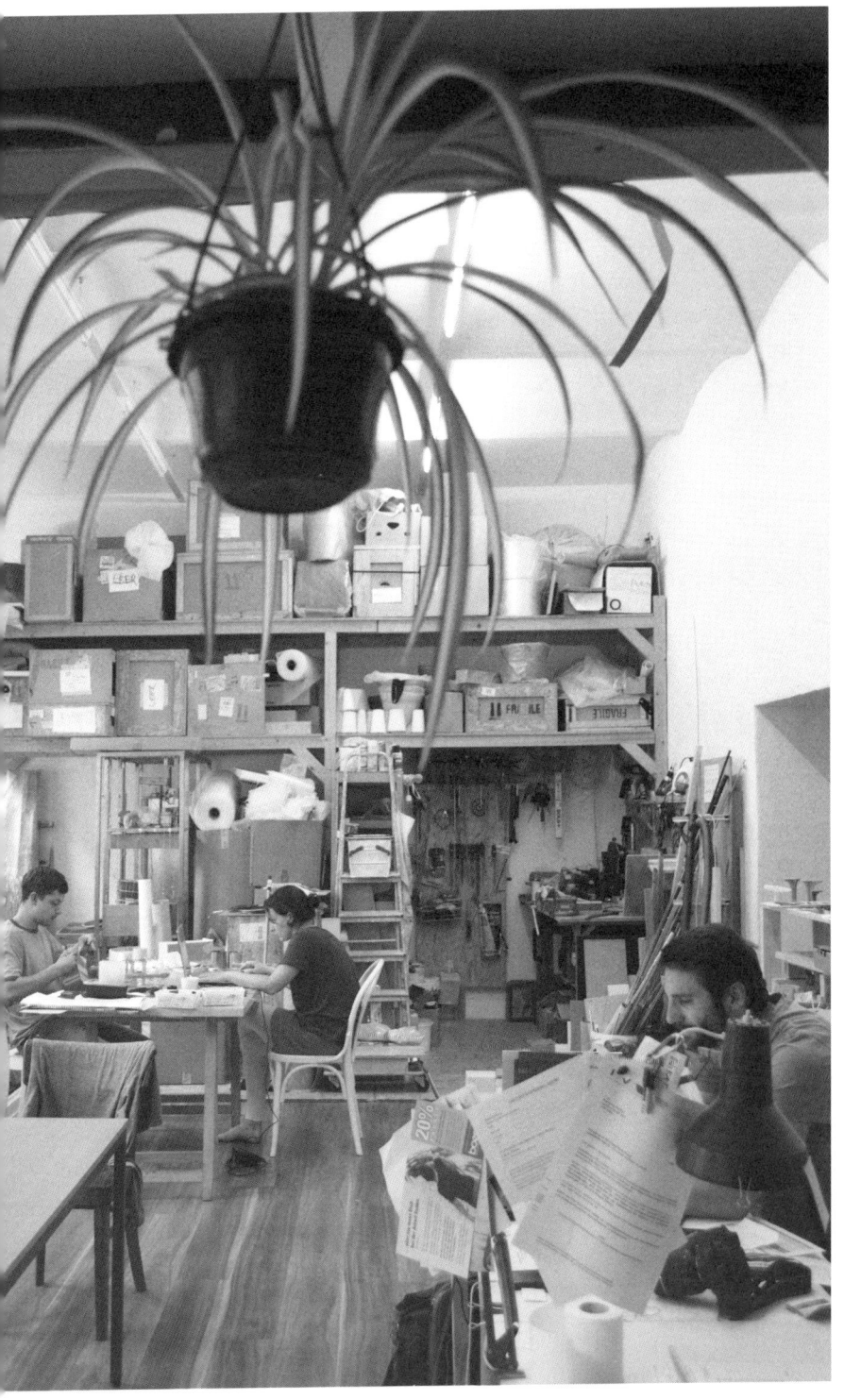

Sich der eigenen *Kreativität* bedienen

Eine deiner Kernkompetenzen ist deine Kreativität. Alles bisher Gesagte subsummiert, ist Strategieentwicklung ein kreativer Prozess und damit deine Stärke. Nutze diese Stärke nicht nur bei deinen Kunden, sondern auch bei dir selbst und kreiere dir deine Zukunft!

„Der beste Weg, die Zukunft vorherzusagen, ist sie zu kreieren."

BUCKMINSTER FULLER

10

Sich sukzessive die Kompetenz des *strategischen Denkens* aneignen

Die Bedeutung der Unterscheidung zwischen strategischem Denken und strategischer Planung sowie die Betonung des Denkens in diesem Buch habe ich bereits erläutert. Um sich diese Kompetenz anzueignen, hilft eine Analogie: Es geht darum, zu *sehen* und ein identitätsstiftendes Bild zu entwerfen. Ein zusammenhängendes, perspektivisches Bild der eigenen Tätigkeit, des eigenen Unternehmens, das zugleich eine Vision des zukünftigen Weges ist. Ein Gesamtbild, das aus vielen kleinen Elementen besteht und in dem gedankliche Verbindungen neue Perspektiven entstehen lassen.

MEIN TIPP

Wenn wir gesagt haben, dass der Prozess der Strategieentwicklung nicht in den Alltag gehört, dann kann das strategische *Denken* sehr wohl auch im Alltag stattfinden. Beobachten, sehen, Zusammenhänge herstellen, Chancen erkennen, reflektieren, lernen – das alles ist strategisches Denken und kann mit der Zeit automatisch als Teil des eigenen Arbeitsverständnisses stattfinden.

4

Hilfreic
zur Unte

e Tools
stützung

Zu den Tools

Wir stellen hier einen Pool an Tools vor, auf die individuell zurück-
gegriffen werden kann, ohne einem strengen Ablauf zu folgen –
je nach Ausgangslage und Zielsetzung, je nachdem ob es um eine
neue Strategie oder um die Überprüfung einer vorhandenen
Strategie geht. Es gibt kein Patentrezept, aber es gibt Methoden
zur Unterstützung und besseren Orientierung.

Ich empfehle dir, einen experimentellen Zugang zu entwickeln,
mehrere Tools durchzuspielen, durchaus auch zu gleichen Themen
und Perspektiven, um so ein differenziertes Bild der eigenen
Situation zu gewinnen und das strategische Denken zu schulen.

Die Tools konzentrieren sich im Wesentlichen auf den *Entwick-
lungs*prozess im Sinne des strategischen Denkens und Sehens.
Umsetzungstools, etwa für Marketing, Kommunikation oder Organisationsentwicklung, sind nicht mehr Inhalt und Thema des
vorliegenden Handbuches.

Standortbestimmung und Zielsetzung

Am Beginn eines Strategieprozesses solltest du folgende grundsätzliche Fragen stellen und beantworten können: Wohin soll die
Reise gehen, was sind die Motive und Ziele des Strategieprozesses, was soll danach anders sein? Für bestehende Unternehmen
heißt das auch festzulegen, ob es um eine komplette Neuorien-
tierung oder um eine Adaptierung des Bestehenden gehen soll.
Für Gründer geht es um die strategische Ausrichtung der geplanten Geschäftstätigkeit. Sind mehrere Personen bzw. ein Team am
Prozess beteiligt, geht es zudem um ein gemeinsames Verständnis der Erwartungen und Zielsetzungen.

TOOL

1

DEFINITION DES GESCHÄFTSMODELLS

Quelle: Peter Drucker

PHASE

Basis der Analyse, zu Unternehmensstart und später immer wieder in Strategie- und Veränderungsprozessen zu definieren.

KERNTHEMA

Schärfung des Verständnisses über das eigene Kerngeschäft.

VORGEHENSWEISE

Erarbeitung und Darstellung der drei Ecksäulen des Geschäftsmodells und deren Beziehung zueinander:
WAS, für WEN, WIE (SIEHE ABB. 6).

DAS „WAS" BESCHREIBT
- Was ist der Nutzen meines Unternehmens?
- In welchem Geschäftsbereich bin ich tätig?
- Was ist der Kern meines Angebotes?
- Was ist der Mehrwert meines Angebotes?

FÜR „WEN" BESCHREIBT
- Wer sind meine Kunden?
- Was ist ihr Profil?
- Was sind ihre Bedürfnisse?
- Wie funktioniert der Markt, in dem ich tätig bin?

⊠ ⁶ DEFINITION DES GESCHÄFTSMODELLS

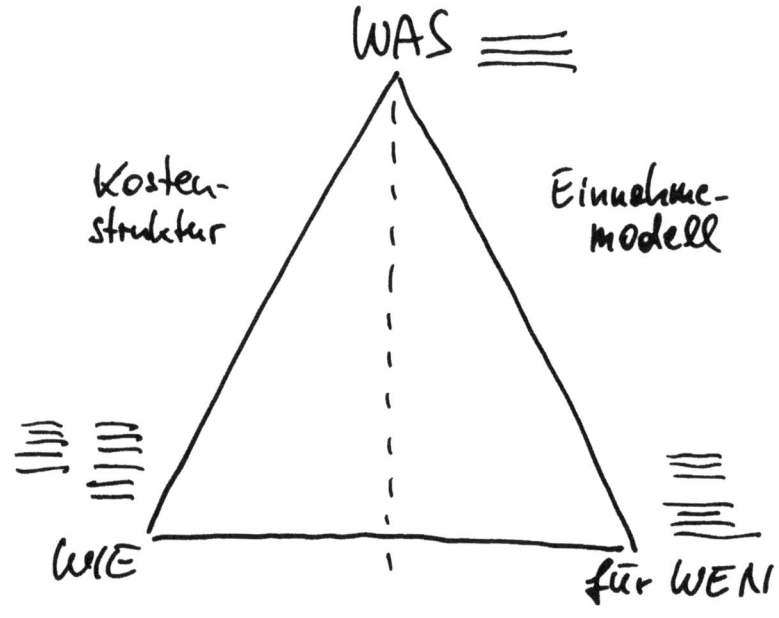

DAS „WIE" BESCHREIBT

- Wie stifte ich den Nutzen?
- Welche Leistungen biete ich an?
- Wie erfolgt die Leistungserstellung?
- Mit welchen Materialien, Technologien, Fertigungsweisen etc. beschäftige ich mich?
- Welche Ressourcen stehen zur Verfügung?

Ergänzend können Kosten- und Einnahmestruktur definiert werden: Was ist mein Einnahmemodell, wie ist meine Kostenstruktur?

TIPP

Je bildhafter das Modell beschrieben wird, umso einprägsamer und verständlicher ist es – zum Beispiel indem du das Dreieck mit Stichworten auf einem großen Poster füllst.

ERLÄUTERUNG

Die Definition des Geschäftsmodells ist *nicht* ident mit einem Business Plan, wie er beispielsweise von Banken und Investoren gefordert wird, kann aber als Basis dafür dienen. Im Business Plan geht es um eine ausführliche Beschreibung der Maßnahmen, einen ergänzenden Marketingplan inklusive Vertriebssystem, einen Etappen- und Zeitplan für die ersten 3 – 5 Jahre sowie einen entsprechenden Finanzplan. Ein Geschäftsmodell ist auch *keine* Strategie, sondern ein Analysetool zur groben Beschreibung der Ausgangssituation. Allerdings kann eine bewusste Veränderung des Geschäftsmodells eine Strategie sein (SIEHE S. 133 / TOOL 15 – GESCHÄFTSMODELLINNOVATION).

TOOL

$$\boxed{2}$$

CHANGE LANDKARTE

Quelle: Barbara Heitger und Alexander Doujak

PHASE

Zu Beginn eines Strategieprozesses, wenn es um Veränderung gehen soll.

KERNTHEMA

Dient als Orientierung zum Einstieg, wie hoch der eingeschätzte Veränderungsbedarf und das vorhandene Veränderungsvermögen sind, aber auch wo der Hebel für Veränderung anzusetzen ist.

VORGEHENSWEISE

Positioniere dich und gegebenenfalls dein Team auf der Change Landkarte [ABB. 7] und reflektiere das Ergebnis.

⊠ [7] CHANGE LANDKARTE

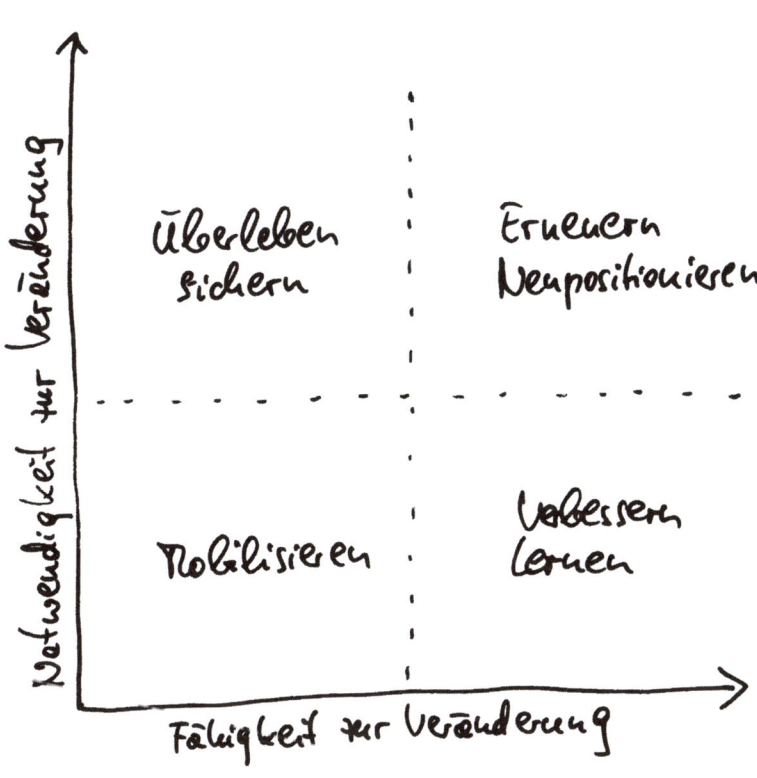

Leitbild und Kultur

Der Vision als Identitäts*entwurf* folgt das (schriftliche) Leitbild, oftmals auch als Mission Statement zu finden, das die wichtigsten Grundwerte und Haltungen der Arbeit sowie die Zielsetzungen beschreibt. Es ist die gesellschaftliche Begründung für sein Tun, der Sinn, das unternehmerische Selbstverständnis, der Auftrag. Es ist die Antwort auf die Frage: Wieso tun wir, was wir tun? Es ist Ergebnis der Auseinandersetzung mit sich selbst, aber auch der Auseinandersetzung mit den Erwartungen von außen, und daher Teil der Strategie.

Leitbild und Kultur stehen in einem engen Zusammenhang, denn im Leitbild sollte sich die Kultur widerspiegeln. Die Schwierigkeit dabei ist: Jedes Unternehmen bildet seine eigene Unternehmenskultur heraus, vom ersten Tag an. Sie lässt sich weder planen, noch direkt beeinflussen, sie *entsteht*.

Der amerikanische Organisationspsychologe Edgar Schein hat zur Beschreibung der Unternehmenskultur drei Ebenen von Kulturerscheinung definiert und den Vergleich mit einem Eisberg herangezogen [ABB. 8]. An der Oberfläche liegen die sichtbaren Verhaltensweisen – dazu gehören auch Manifestationen wie das Leitbild. Darunter liegen die „bekundeten" Werte und Annahmen, die einen leiten, die Ansprüche, die man an sich und die Arbeit hat, die Regeln und Normen, die man sich aufstellt. Manche verorten hier auch die Strategien. Auf der tiefsten Ebene liegen die unbewussten Grundannahmen, die einen prägen.

Strategie und Kultur stehen daher ebenfalls in einer Wechselbeziehung. Strategien sind Teil der Kultur und die Kultur hat Einfluss auf Strategien. Eine neue Strategie, die zur eigenen Unternehmenskultur im Widerspruch steht, wird nicht funktionieren.

Nachhaltige Veränderungen müssen in der Unternehmenskultur verankert werden können. Deshalb ist die Auseinandersetzung mit der eigenen Kultur wichtig, um sie bei der Strategieentwicklung zu berücksichtigen, sei es in der Analysephase, sei es in der Umsetzung.

⊠ [8] DIE DREI EBENEN VON KULTURERSCHEINUNG NACH EDGAR SCHEIN

$$5$$

DAS VIERECKIGE DREIECK

Quelle: Frank Boos und Gerald Mitterer

PHASE

Analyse und Umsetzung

KERNTHEMA

Erkennen der eigenen Kultur, Berücksichtigen der Wechselwirkungen zwischen Struktur-Strategie-Team.

VORGEHENSWEISE

Denke dir das Diagramm aus [ABB. 9] für dein Unternehmen durch und beschreibe die jeweiligen Bereiche. Diese Analyse liefert dir bei der Strategieentwicklung Ansatzpunkte dafür, wo die Strategie ansetzen muss, damit das Unternehmen zukunftsfähig bleibt, da Weiterentwicklung immer entlang dieses Dreiecks erfolgt. Und sie liefert Ansatzpunkte für die Umsetzungsmaßnahmen neuer Strategien auf der Struktur- und Personenebene, um das Dreieck und die Kultur aufrechtzuerhalten.

ERLÄUTERUNG

Aus systemischer Sicht sind die drei Säulen (oder auch Entscheidungsprämissen) eines Unternehmens 1) die Prozesse und Strukturen, 2) die handelnden Personen und ihre Werte sowie 3) die Strategien und Visionen [SIEHE ABB. 9]. In der Mitte ist die Unternehmenskultur, der eine Sonderstellung zukommt. Sie lässt sich nicht direkt beeinflussen, wirkt aber massiv auf die drei Säulen, die wiederum die Kultur verstärken. Ein Designbüro, das hierarchisch flach und flexibel strukturiert ist, aus kreativen Denkern besteht und Individuallösungen auf einem Nischenmarkt anbietet, hat eine völlig andere Kultur als ein hierarchisch organisiertes Unternehmen mit pragmatischen Planern, das eine Absatzmaximierung seiner Massenprodukte verfolgt.

⊠ [9] DAS VIERECKIGE DREIECK ALS MODELL DER UNTERNEHMENSENTWICKLUNG

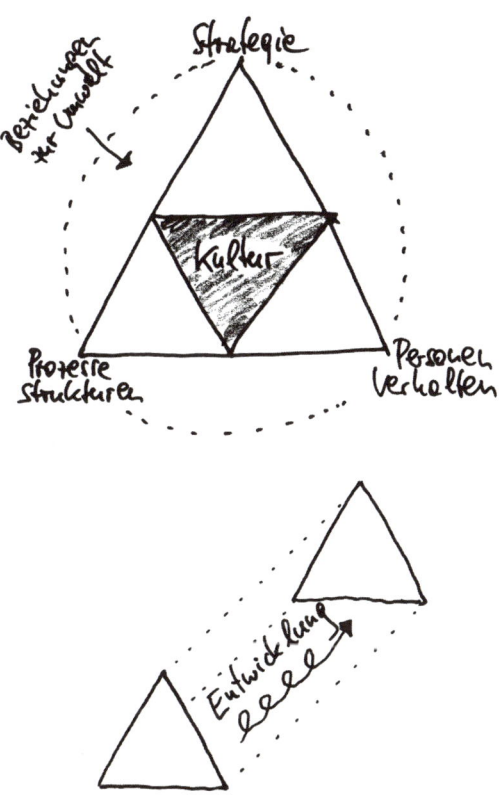

$$\boxed{6}$$

DER LEBENSWEG

Quelle: Beratergruppe Neuwaldegg

PHASE

Analyse

KERNTHEMA

Die zukünftige Entwicklung ist ohne die Analyse der Vergangenheit nicht denkbar, weil sich Muster und Kulturen, wie oben beschrieben, nicht verändern lassen, sondern in die Zukunft fortsetzen, im Sinne einer evolutionären Weiterentwicklung. Darüber hinaus hilft das Tool zu veranschaulichen, was man aus der Vergangenheit in die Zukunft mitnehmen will.

VORGEHENSWEISE

Zeichne deinen bisherigen beruflichen Lebensweg oder den deines Unternehmens auf, indem du die wichtigsten Phasen, Ereignisse und Meilensteine beschreibst und einzeichnest ^(SIEHE ABB. 10). Bestimme dabei selbst, was entlang ein und derselben Lebensphase verläuft und wann ein einschneidendes Erlebnis, Projekt etc. zu einem Umbruch in deiner Entwicklung und damit zu einer Richtungsänderung und einer neuen Phase geführt hat.
Betrachte am Ende das Bild und versuche deine inneren Muster (Was kennzeichnet die Phasen, was die Veränderungen?) und deine herausgebildete Kultur zu beschreiben, aber auch deine am Weg gesammelten Erfahrungen, dein Wissen und Knowhow.
Das Modell funktioniert in der gleichen Weise für ein Unternehmen als soziales System.

ERLÄUTERUNG

Das Modell des Lebensweges, wie ich es hier darstelle, geht auf das Unternehmens-Selbststeuerungsmodell der Beratergruppe Neuwaldegg zurück, wonach sich Unternehmen auf Basis ihrer inneren Muster selbst steuern. Man kann zwar nicht das System als solches verändern, sehr wohl aber die *Wirkung* der Selbststeuerung beeinflussen.

⊠ 10 DAS LEBENSWEG-MODELL

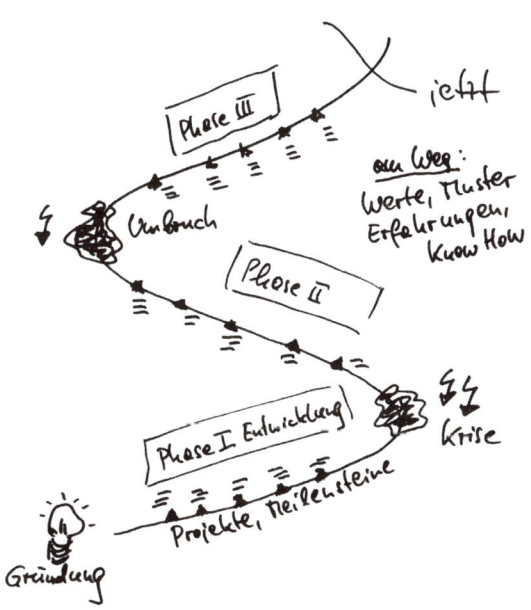

TOOL

7

DER WERTEDIAMANT

Quelle: Roswita Königswieser

PHASE

Jederzeit

KERNTHEMA

Die gelebten Werte werden bewusst und sichtbar gemacht, in einem Team kann Verbindlichkeit für alle erzeugt werden.

VORGEHENSWEISE

Überlege dir, welche Werte dir wichtig sind und wie sich diese äußern, in deinem Arbeitsstil, im Umgang mit Kunden und Partnern, in der Gestaltung des Büros etc. Filtere 5 – 7 zentrale Werte heraus, auf deren Basis du zukünftig arbeiten willst, und visualisiere sie in Form eines Wertediamanten (ABB. 11). Wenn du nicht allein, sondern mit einem Team arbeitest, solltet ihr zu einem gemeinsamen, für alle verbindlichen Wertediamanten kommen.

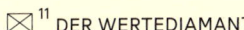 **DER WERTEDIAMANT**

Zuver-
lässigkeit

Lern-
bereitschaft

Wertschätzung

Empathie

Qualitäts-
anspruch

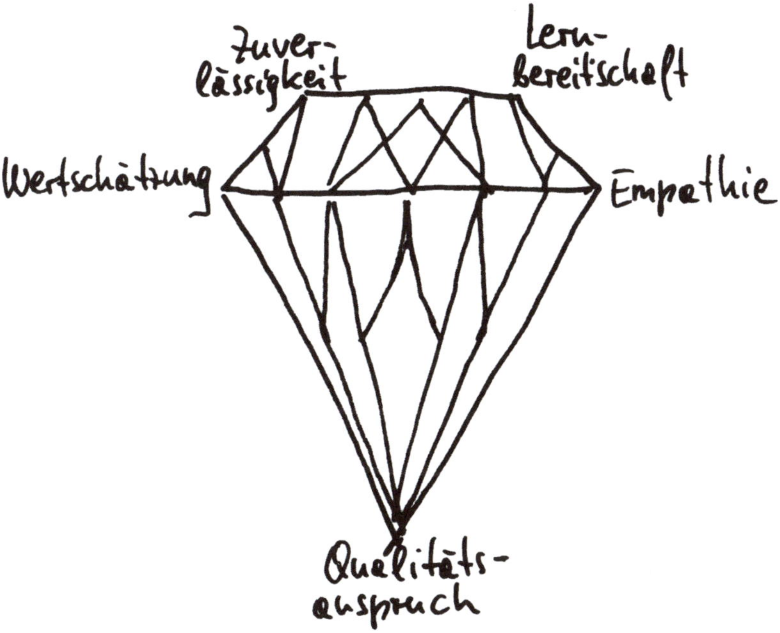

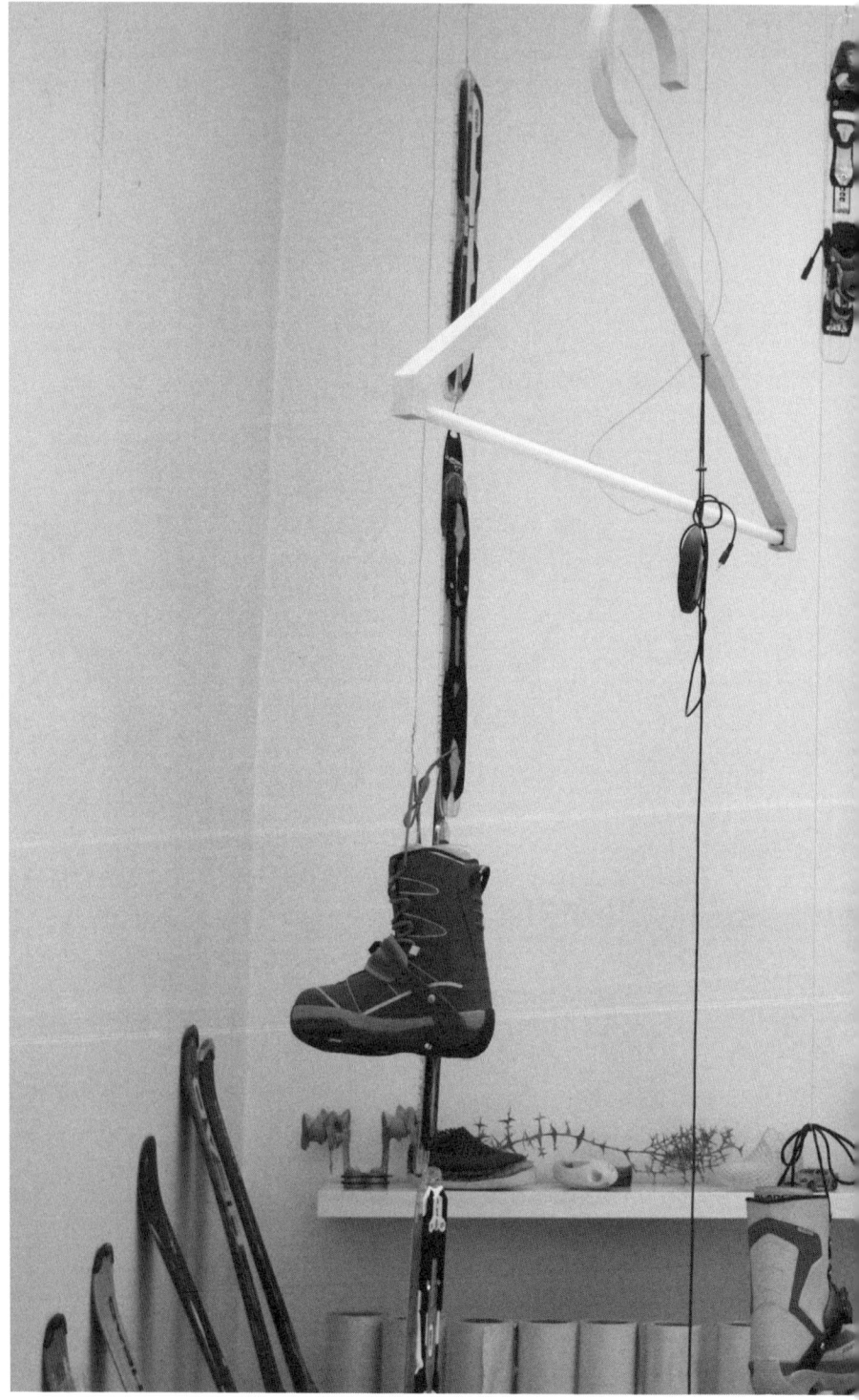

Markt und Umfeld

Wir haben uns bisher eingehend mit der Selbstanalyse und -positionierung beschäftigt. Um strategische Optionen entwickeln oder bestehende Strategien überprüfen zu können, ist es notwendig, den Markt und das Umfeld sowie die Veränderungen auf dem Markt und im Umfeld in die Betrachtung einzubeziehen.

DAZU GEHÖREN

- Kenntnis und Verständnis der eigenen Branche und des Kernmarktes, der Spielregeln, der Dynamik, der Wettbewerbsintensität, der Kaufkraft etc.
- Kenntnis der wichtigsten Player auf dem Markt, von den Kunden über die Mitbewerber und Kollegen, die Lieferanten, die Kooperationspartner bis zur Medienöffentlichkeit.
- Analyse ihrer Bedürfnisse, Erwartungen und Machtpositionen.
- Beobachtung von Veränderungen und Entwicklungen auf dem Markt.
- Beobachtung gesamtwirtschaftlicher und gesamtgesellschaftlicher Zusammenhänge und Trends.

Von den vielen Marketing-Tools, die hierfür zur Verfügung stehen, habe ich einige wenige mit jeweils unterschiedlichem Fokus ausgesucht. Zwei davon kommen aus dem Service Design: Dies ist ein Ansatz und eine Denkweise, die sich in den letzten Jahren im Designbereich herausgebildet hat und weg vom produktbezogenen Gestaltungsaspekt hin zur Gestaltung von Dienstleistungen geht: Für diesen stark kunden- und erlebnisorientierten Gestaltungsprozess wurde eine Reihe von kreativen Tools und Methoden entwickelt, die sich nicht nur für Designer hervorragend zur Beobachtung und Analyse von Kunden und Markt eignen.

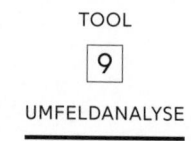

TOOL

9

UMFELDANALYSE

Quelle: Projektmanagement-Tradition

PHASE

Analyse

KERNTHEMA

Sichtbarmachung der für den eigenen Unternehmenserfolg relevanten Umwelten und Analyse der Beziehungen zu ihnen.

VORGEHENSWEISE

Erstelle eine Liste der für dich und dein Unternehmen relevanten Umwelten und Stakeholder. Bewerte diese anschließend nach zwei Kriterien:
◦ Nähe: Wie intensiv ist der Kontakt?
  (1 sehr intensiv, 2 mittel, 3 gering)
◦ Bedeutung: Wie hoch ist der Einfluss dieser Umwelt auf den
  eigenen Erfolg bzw. Fortbestand? (1 sehr stark, 2 mittel, 3 gering)

Übertrage das Ergebnis in eine bildhafte Darstellung ^(SIEHE ABB. 12), indem du die Umwelten in konzentrischen Kreisen um dich herum anordnest, und zwar je nach der bewerteten Intensität in einem nahen oder fernen Kreis. Die Bedeutung wird durch die Größe der Umwelt symbolisiert.

Nun kannst du das Bild analysieren: Wo gibt es Handlungsbedarf? Wenn bedeutende Umwelten weit weg sind, was kann ich tun, um sie näher an mich zu bringen? Wo sind unbedeutende Kontakte

✉ [12] UMFELDANALYSE

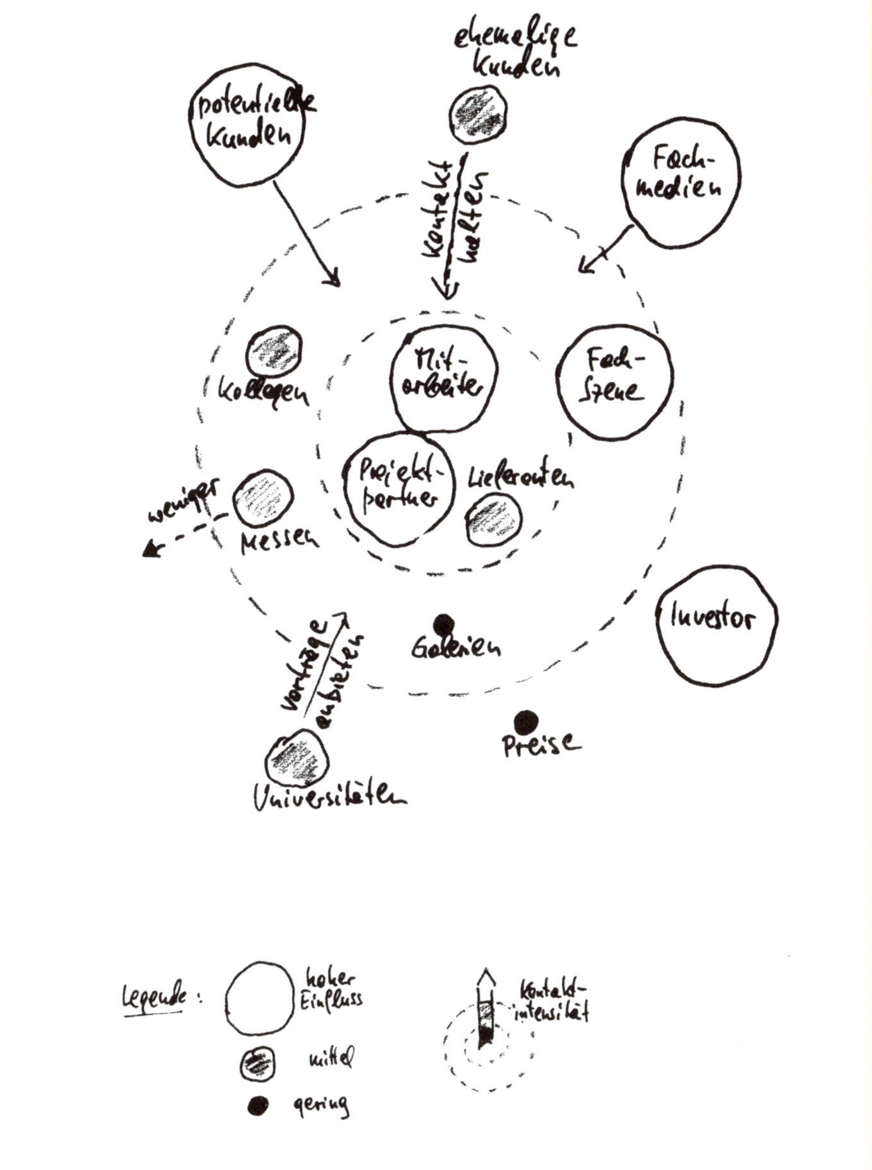

Legende:

⭘ hoher Einfluss

◉ mittel

● gering

⬆ Kontaktintensität

zu intensiv, die zu viel Aufmerksamkeit und Zeit kosten? Was sind die jeweiligen Erwartungen der Umwelten an mich? Was kann ich ihnen dafür bieten? Gibt es Umwelten, die in Zukunft wichtiger sein werden, als sie es momentan sind?

TIPP

Zeichne all diese Überlegungen in das gleiche Bild als Soll-Zustand ein, den du für die Zukunft annimmst und anstrebst. Aus dem Vergleich von Ist und Soll kannst du bereits erste strategische (Marketing-)Maßnahmen ableiten.

ERLÄUTERUNG

Relevante Umwelten und Stakeholder sind all jene Personen, Institutionen, Gruppen und Szenen, die in einem Bezug zu dir und deinem Unternehmen, aber auch deiner Branche stehen und direkt oder indirekt deine Arbeit und deinen Erfolg beeinflussen. Dazu zählen üblicherweise Kunden, Kollegen, Lieferanten, Sponsoren, Subventionsgeber, Veranstalter, Medien, Opinion Leader, Interessensgemeinschaften sowie Szenen, mit denen man sich auf der inhaltlichen oder Werteebene identifiziert und austauscht. Wen du aller in die Analyse aufnehmen willst, hängt davon ab, wohin deine strategische Orientierung und Perspektive geht.

TOOL

KUNDENZUFRIEDENHEITSANALYSE

Quelle: Reinhart Nagel; Marketingtradition

PHASE

Analyse (nur für bereits bestehende Unternehmen und Kunden)

KERNTHEMA

Analyse der Kundenzufriedenheit anhand ausgewählter Leistungs-
kriterien, die Stärken und Schwächen und damit strategische
Ansatzpunkte zur Differenzierung im bestehenden Leistungsan-
gebot aufzeigen.

VORGEHENSWEISE

Versetze dich zunächst in deine Kunden und lege 5–7 Leistungs-
kriterien, die aus Kundensicht relevant sind, fest (SIEHE ABB. 13).
Damit sind jene Kriterien gemeint, für die dich Kunden zum Beispiel
ausgewählt haben, die im Briefing erwartet wurden, die das
Kundenbedürfnis abdecken, ein Kundenproblem lösen etc. Du
kannst entweder generalisierend für alle Kunden eine Analyse-
tabelle anlegen oder für die jeweils wichtigsten Kunden getrennte,
wenn die Kriterien dieser Kunden sehr unterschiedlich sind.
Gehe die Tabelle(n) nun Schritt für Schritt durch: Bewertung nach
Schulnotensystem, Analyse der Stärken, Analyse der Schwächen.
Ergebnis sollten strategische Ansatzpunkte für Weiterentwicklung
und Veränderung (Stärkung, Verbesserung, Fokussierung etc.)
sein. Hast du mehrere Tabellen angelegt, führe die Ergebnisse
bzw. strategischen Ansatzpunkte zusammen.

Zur besseren Wahrnehmung und Unterstützung der Kundensicht
können auch Interviews mit Kunden geführt werden.

⊠ [13] KUNDENZUFRIEDENHEITSANALYSE

Leistungskriterien	Bewertung 1 2 3 4 5	Analyse Stärken	Analyse Schwächen

Ansatzpunkte für Veränderung:
- was müssen wir stärken
- was müssen wir verbessern
- auf welchen Kundennutzen fokussieren wir in Zukunft

TOOL

$\boxed{11}$

PERSONAS (STORYWORLDS)

Quelle: Service Design

PHASE

Jederzeit

KERNTHEMA

Die Auseinandersetzung mit den Profilen bestehender und zukünftiger Kunden, ihren Bedürfnissen und Wünschen, Lebensstilen und Lebenskonzepten.

VORGEHENSWEISE

„Personas" sind fiktive Personen, die typische Kunden einer Zielgruppe mit allen ihren Eigenschaften repräsentieren. Sie helfen dir nicht nur deine bestehenden Kunden besser kennen zu lernen, sondern auch zukünftige potenzielle Zielgruppen zu identifizieren.

Überlege dir deine besten Kunden und solche, die du gerne hättest. Erstelle und gestalte daraus mehrere Profile [SIEHE ABB. 14], die folgende Informationen enthalten sollten:
- Name
- Aussehen
- Demographische Informationen (Alter, Ausbildung, Familienstand, ...)
- Beruf und Tätigkeiten, Arbeitsort
- Konsumgewohnheiten, Lebensstil (Wohnen, Reisen etc.), Hobbys, Werte und Haltungen

° Wünsche, Erwartungen und Bedürfnisse in Bezug auf deinen
  Tätigkeitsbereich bzw. dein Geschäftsmodell

Gestalte das Profil möglichst authentisch, narrativ und emotional,
mit Bildwelten, Geschichten, Zitaten.

TIPP

Auch wenn die Personas fiktiv sind, sollte ihr Profil auf realen
Informationen basieren, die sich beispielsweise aus Interviews,
Umfragen, Trendstudien, Blogs und Magazinen sammeln lassen.

Strategische Optionen

Mit den aus der Analyse gewonnenen Einblicken, Erkenntnissen und Annahmen geht es im nächsten Schritt der Strategieentwicklung darum, die Stoßrichtung festzulegen und den Weg zum zukünftigen Bild des eigenen Unternehmens zu skizzieren. In welche Richtung will ich bzw. wollen wir aktiv werden und welche Optionen eröffnen sich mir bzw. uns dabei?

Hier ist deine ganze Kreativität und Innovationsfähigkeit gefordert: Es geht um das experimentelle Kombinieren von internen und externen Faktoren, die Synthese von Vergangenheit und Zukunft, von erworbenen Fähigkeiten und Wissen mit zukünftigen Chancen und Visionen.

Die Stoßrichtung ist zudem von deinem Veränderungs- und Innovations*willen* abhängig, zum Beispiel:

- Mit dem *bestehenden* Geschäftsmodell im *bestehenden* Markt meine Position auszubauen
- Mich mit dem *bestehenden* Geschäftsmodell im *bestehenden* Markt neu zu positionieren
- Mich mit dem *bestehenden* Geschäftsmodell in *neuen* Märkten zu positionieren
- Mich mit einem *neuen* Geschäftsmodell im *bestehenden* Markt zu positionieren
- Mich mit einem *neuen* Geschäftsmodell in *neuen* Märkten zu positionieren

Die möglichen Handlungsfelder und Aktivitäten reichen dabei von kleinen strategischen Schritten bis zu großen strategischen Veränderungen, von Verbesserungen in der Kommunikation bis zur Entwicklung neuer Tätigkeitsbereiche oder Vertriebswege.

Je radikaler und grundsätzlicher du bereits in der Analysephase die gewohnten Denkmuster und Sichtweisen in Frage gestellt hast, desto leichter wird es dir fallen, in neue Richtungen zu denken.

Unternehmensstrategien können auch auf mehreren zukünftigen Standbeinen aufbauen oder aus der Kombination von Handlungsfeldern bestehen. Als Basis für die Entscheidungsphase ist es daher hilfreich, zumindest 3 – 4 Optionen an- und durchzudenken. Dem Durchexperimentieren von Möglichkeiten in der Kreationsphase folgt dann eine Überprüfung: Sind die favorisierten Optionen mit den vorhandenen Ressourcen und Kernkompetenzen kompatibel? Passen sie zur Identität und Kultur? Welche organisatorischen Konsequenzen ziehen sie mit sich? Fehlen Ressourcen und Kernkompetenzen, dann musst du realistisch beurteilen, ob, wie und in welchem Zeitrahmen sich diese aus- und aufbauen lassen.

Die folgenden Tools sollen helfen, die Denkrichtungen und Optionen strukturiert zu erarbeiten. Freilich sind auch ein ganz offener Kreationszugang oder eigene Kreationsmethoden zulässig.

AKQUISITIONSMATRIX ZU KERNKOMPETENZSTRATEGIEN

Quelle: Gary Hamel und C.K.Prahalad

PHASE

Entwurf

KERNTHEMA

Entwicklungsfelder und Akquisitionsbereiche, die auf (vorhandenen) Kernkompetenzen aufbauen.

VORGEHENSWEISE

Gehe die Matrix aus [ABB.16] der Reihe nach durch und entwickle jeweilige Optionen und Szenarien.

ERLÄUTERUNG

LÜCKEN FÜLLEN

Werden vorhandene Kernkompetenzen in bestehenden Märkten optimal eingesetzt, generiert dies neue Kunden und damit Wachstum.

HERAUSRAGENDE POSITION SCHAFFEN

Hier geht es darum, auf einem bestehenden Markt mit neuen Kompetenzen eine exklusive Position aufzubauen.

WEISSE FLECKEN ERSCHLIESSEN

Weiße Flecken sind Chancen, die man bisher übersehen oder vernachlässigt hat.

MEGA-CHANCEN ERGREIFEN

Neue Märkte mit neuen Kernkompetenzen aufbauen heißt ein für das Unternehmen neues Produkt oder eine neue Dienstleistung *entwickeln,* um besonders attraktive Chancen zu ergreifen.

✉ [16] AKQUISITIONSMATRIX ZU KERNKOMPETENZSTRATEGIEN

	bestehende Kernkompetenzen	neue Kernkompetenzen
bestehende Märkte	**Lücken füllen** — Welche Möglichkeiten haben wir, unsere Position auf bestehenden Märkten zu verbessern?	**herausragende Position** — Welche neuen KK müssen wir aufbauen, um auch in Zukunft am Markt bestehen zu können?
neue Märkte	**weiße Flecken** — Was können wir tun, um unsere bestehenden KK neu einzusetzen oder anders zu kombinieren?	**Mega-Chancen** — Welche neuen KK müssen wir aufbauen, um an neue Märkte heran zu kommen?

14

STRATEGISCHE OPTIONEN AUF BASIS DER SWOT-ANALYSE

Quelle: Strategietradition

PHASE

Analyse und Entwurf

KERNTHEMA

Strategische Optionen, die sich aus der Kombination der unternehmensinternen Stärken und Schwächen mit den externen, auf dem Markt beobachteten Chancen und Bedrohungen ergeben.

VORGEHENSWEISE

Analysiere zunächst deine internen Stärken und Schwächen: Was kannst du besonders gut, was tust du besonders gerne, wofür schätzen dich deine Kunden? Was liegt dir weniger, was tust du nicht gerne, wo fehlen Ressourcen, wo setzen Kunden ihre Kritikpunkte oder zeigen sich unzufrieden? Analysiere dann Chancen, die du auf dem Markt und im Umfeld erkennst (SIEHE AUCH S. 112ff) ebenso wie Entwicklungen, die zu Bedrohungen für deine unternehmerische Existenz werden können. Trage diese internen und externen Faktoren in eine Matrix (SIEHE ABB. 17) ein und entwickle in der Kombination dieser Faktoren, wie in ABB. 17 angegeben, strategische Optionen.

⊠ [17] SWOT-ANALYSE

	interne Stärken	interne Schwächen
Chancen am Markt	**SO-Strategien:** Verfolgen neuer Chancen, die gut zu den Stärken passen	**WO-Strategien:** Aus Schwächen Stärken entwickeln, wo sie zu Chancen passen
Bedrohungen am Markt	**ST-Strategien:** Stärken nutzen, um Bedrohungen abzuwehren	**WT-Strategien:** Strategien entwickeln, um Schwächen nicht zu Bedrohungen werden zu lassen

Diese Methode liegt nicht jedem, da sie einem sehr rational-analytischen Vorgehen entspricht, das von Kreativen manchmal als schwierig empfunden wird. Hier hilft es, vorab eine bestimmte strategische Zielvorgabe, einen konkreten Soll-Zustand zu formulieren und das Tool nicht abstrakt oder generalisierend anzuwenden.

Zudem habe ich immer wieder beobachtet, dass Kombinationen, die auf Schwächen oder Bedrohungen beruhen, energische Abwehr erzeugen und im Ergebnis weit weniger kreativ oder innovativ sind. Trotzdem sollten sie im Sinne einer kritischen Hinterfragung und Überprüfung nicht ausgelassen werden.

ERLÄUTERUNG

Das Akronym SWOT ergibt sich aus den englischen Bezeichnungen Strengths, Weaknesses, Opportunities, Threats.

TOOL

15

GESCHÄFTSMODELLINNOVATION

Quelle: Innovationsmanagement

PHASE

Analyse und Entwurf

KERNTHEMA

Eine Geschäftsmodellinnovation ist eine bewusste und fast immer radikale Veränderung eines bestehenden oder branchenüblichen Geschäftsmodells.

VORGEHENSWEISE

Ausgehend von (d)einem bestehenden Geschäftsmodell (SIEHE S. 83ff) experimentierst du mit den drei Dimensionen des WAS, für WEN und WIE. Wenn du mindestens zwei dieser drei Dimensionen veränderst und neu definierst, liegt eine Geschäftsmodellinnovation vor (SIEHE ABB. 18). Verändern heißt in diesem Zusammenhang *rekombinieren* oder *übertragen*: Analysiere Geschäftsmodelle anderer Branchen, schau auf deren Muster und Regeln ebenso wie auf veränderte Konsumgewohnheiten und Bedürfnisse. Experimentiere mit dem Beobachteten, indem du neue Verbindungen und Kombinationen des WAS, für WEN oder WIE herstellst. Oder indem du Funktionsweisen und Elemente branchenfremder Geschäftsmodelle auf deinen Bereich und deine Kernkompetenzen überträgst.

Die Herausforderung liegt darin, jene externen Faktoren zu identifizieren, an denen du ansetzt. Diese sind oft nicht im unmittel-

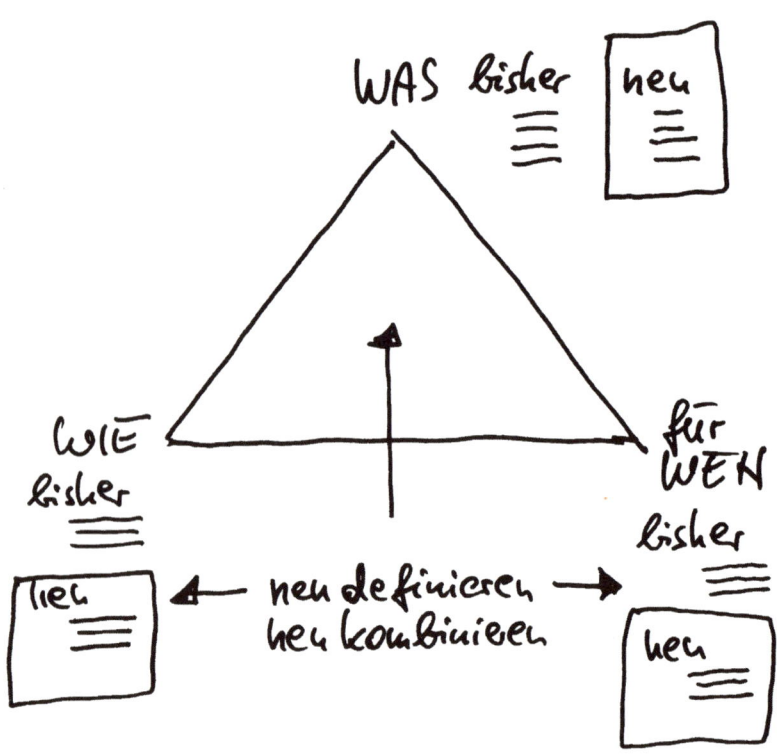

baren Umfeld zu finden, sondern im weiteren Kontext gesell-schaftlicher, ökologischer oder wirtschaftlicher Entwicklungen.

Dieser Innovationsprozess ist ein Wechselspiel zwischen Systematik und Kreativität und bedarf als Basis der Analyse des eigenen Geschäftsmodells ebenso wie anderer Modelle auf dem Markt. Liegen in der anschließenden Entwurfsphase mehrere Ideen und Ansatzpunkte vor, solltest du diese anhand des Mehrwertes und Mehrnutzens für den Kunden bewerten, denn das ist der Erfolgsschlüssel.

ERLÄUTERUNG

Geschäftsmodellinnovationen sind keine (technischen) Erfindungen und auch keine Produkt- oder Prozessinnovationen, sondern *strukturelle* Innovationen und basieren auf unternehmerischem Beobachten, Lernen und Rekombinieren. Von IKEA über Apple bis Airbnb haben diese Unternehmen die Spielregeln ihrer Branche neu definiert, indem sie etwas aus einem anderen Bereich auf ihren übertragen und damit auf veränderte Kundenbedürfnisse reagiert haben. Das Konzept der Geschäftsmodellinnovation ist relativ jung und hat sich vor dem Hintergrund der digitalen Vernetzung und der damit einhergehenden Veränderungen auf dem Markt entwickelt.

Literatur

BERATERGRUPPE NEUWALDEGG:
Strategie: Jazz oder Symphonie? Aktuelle Beispiele strategischer
Improvisation, Wien 1995.

BOOS, FRANK / MITTERER, GERALD:
Einführung in das systemische Management, Heidelberg 2014.

DRUCKER, PETER:
Innovation und Entrepreneurship, New York 1999.

DRUCKER, PETER:
Was ist Management, München 2002 (Originaltitel: The
Essential Drucker).

ESCHENBACH, ROLF / ESCHENBACH, SEBASTIAN /
KUNESCH, HERBERT:
Strategische Konzepte. Management-Ansätze von Ansoff bis
Ulrich, 4. Aufl., Stuttgart 2003.

HAMEL, GARY / PRAHALAD, C.K.:
The Core Competence of the Corporation, in: Harvard Business
Review, May / June 1990.

HAMEL, GARY / PRAHALAD, C.K.:
Nur Kernkompetenzen sichern Überleben, in: Harvard Manager
2 / 1991, S. 66 – 78.

HAMEL, GARY / PRAHALAD, C.K.:
Wettlauf um die Zukunft, 2. Aufl., Frankfurt / Main 1997.

KÖNIGSWIESER, ROSWITA / EXNER, ALEXANDER:
Systemische Intervention. Architekturen und Designs für
Berater und Veränderungsmanager, 9. Aufl., Stuttgart 2006.

MINTZBERG, HENRY:
Crafting Strategy, in: Harvard Business Review, July 1987
(Online-Version).

MINTZBERG, HENRY:
Strategic Thinking as Seeing, in: B. Garratt (Hrsg.), Developing
Strategic Thought, S. 67 – 70, London 1995.

MINTZBERG, HENRY / AHLSTRAND, BRUCE / LAMPEL,
JOSEPH:
Strategy Safari. Eine Reise durch die Wildnis des strategischen
Managements, Frankfurt / Main 2002.

NAGEL, REINHART:
Lust auf Strategie. Workbook zur systemischen Strategieentwicklung, 2. Aufl., Stuttgart 2009.

ORGANISATIONSENTWICKLUNG –
ZEITSCHRIFT FÜR UNTERNEHMENSENTWICKLUNG
UND CHANGE MANAGEMENT:
Online-Ausgabe 4 / 2007.

PORTER, MICHAEL E.:
What is strategy? In: Harvard Business Review, November /
December 1996 (Online-Version).

SCHEIN, EDGAR H.:
Organisationskultur, Bergisch Gladbach 2003.

Impressum

DORIS ROTHAUER
BÜRO FÜR TRANSFER
Wien, Österreich

LEKTORAT UND KORREKTORAT:
Michael Walch

LAYOUT, COVERGESTALTUNG UND SATZ:
brand unit, Wien, Österreich
brand-unit.com

FOTOS:
Doris Rothauer

ES WURDE IN FOLGENDEN BÜROS UND
STUDIOS FOTOGRAFIERT:
alessandridesign
aws designteam
brand unit
buero bauer
einszueins architektur
mischer traxler
Christof Nardin/Bueronardin
Polka Designstudio
the next ENTERprise architects
Zirup

ABBILDUNGEN:
Abb. 2: MOTMOT Design
Abb. 3: Bend the Rules, designed by Arash and Kelly
Alle anderen: Doris Rothauer

MIT FREUNDLICHER UNTERSTÜTZUNG VON:
departure – Das Kreativzentrum der
Wirtschaftsagentur Wien
aws Kreativwirtschaft | Innovation
Wirtschaftskammer Wien

wirtschafts
agentur
wien
Ein Fonds der
Stadt Wien

austria wirtschaftsservice **aws**

LIBRARY OF CONGRESS CATALOGING-IN-
PUBLICATION DATA
A CIP catalog record for this book has been applied for at
the Library of Congress.

BIBLIOGRAFISCHE INFORMATION DER DEUTSCHEN
NATIONALBIBLIOTHEK
Die Deutsche Nationalbibliothek verzeichnet diese Publika-
tion in der Deutschen Nationalbibliografie; detaillierte bibliografische Daten sind im Internet über http://dnb.dnb.de
abrufbar.

Dieses Buch ist auch als E-Book (ISBN 978-3-03821-706-0)
erschienen.

© 2014 BIRKHÄUSER VERLAG GMBH, BASEL
Postfach 44, 4009 Basel, Schweiz
Ein Unternehmen von Walter de Gruyter GmbH,
Berlin/Boston

Gedruckt auf säurefreiem Papier, hergestellt aus chlorfrei
gebleichtem Zellstoff. TCF ∞

PRINTED IN AUSTRIA

ISBN 978-3-03821-992-7

9 8 7 6 5 4 3 2 1
www.birkhauser.com